Sitzungsberichte
der Akademie der Wissenschaften
der DDR
Mathematik – Naturwissenschaften – Technik

1N
1984

Günter Tembrock

Bioindikatorische Valenzen chronobiologischer Verhaltensanalysen

AKADEMIE-VERLAG · BERLIN

Sitzungsberichte
der Akademie der Wissenschaften
der DDR
Mathematik–Naturwissenschaften–Technik

Jahrgang 1984 · Nr. 1/N

Günter Tembrock

Bioindikatorische Valenzen chronobiologischer Verhaltensanalysen

AKADEMIE-VERLAG · BERLIN
1984

Vortrag von Günter Tembrock,
Korrespondierendes Mitglied der
Akademie der Wissenschaften der DDR,
gehalten am 14. April 1983 vor der
Klasse Biowissenschaften

Herausgegeben im Auftrage
des Präsidenten der Akademie
der Wissenschaften der DDR
von Vizepräsident Prof. Dr. H. Heinrich Scheel

ISSN 0138-3965
Erschienen im Akademie-Verlag, DDR-1086 Berlin, Leipziger Str. 3–4

Lizenznummer: 202 · 100/54/84
Printed in the German Democratic Republic
Gesamtherstellung: VEB Druckhaus Köthen
LSV 1375
Bestellnummer: 763 368 1 (2010/84/1/N)
00350

Zeitlich strukturierte Verhaltensprozesse möchten wir aus folgenden Eigenschaften des Zustandsvektors des Verhaltens ableiten (Tembrock 1980):

- erzwungenes Zustandsverhalten als Funktion eines externen Zeitmusters;
- integriertes Zustandsverhalten als Funktion externer und interner Zeitmuster (Zyklen);
- freies Zustandsverhalten als Funktion interner Zeitmuster, die auch als selbsterregte Schwingungen aufgefaßt werden können.

Quellen für systemspezifische, autonome Prozesse können Ungleichgewichte im Sinne dissipativer Strukturen sowie Rückkopplungsphänomene sein, wie sie aus der Enzymkinetik bekannt sind, aber auch in neuralen Netzen elementar. Zyklische Verlaufsformen kennzeichnen ebenfalls die motivierten Verhaltensprozesse, die in wenigstens zwei Optimierungsphasen sowie in der Bewertung mit Rückkopplungsschleifen auf den Antrieb, also die Motivation „arbeiten". Die Systeme, die derartige Zeitmuster erzeugen, erweisen sich als hierarchisch organisiert, es handelt sich um Multi-Oszillator-Systeme; das Ursachengefüge ist auf physiologischen und biochemischen Ebenen zu suchen. Beim freien Zustandsverhalten werden übergeordnete zentrale Oszillatoren (CRG = central rhythm generator) postuliert (vgl. Menaker 1982), denen die Schrittmacher (pacemaker) nahe stehen und abhängige Prozesse antreiben, die im allgemeinen mit geringer oder ohne Rückkopplung arbeiten wie im Falle der Herzfrequenz, bestimmter Leber-Enzyme oder der Mitose-Rate in der Haut. Sie sollten nicht gleichgesetzt werden mit den abhängigen Oszillatoren im Sinne von Pittendrigh (1981), die er „slave oscillators" nennt. Abhängige Prozesse können gute Indikatoren für den Systemzustand sein, aber sie sind kaum geeignet, Einsichten in das Ursachengefüge der zentralen Oszillatoren zu vermitteln. Die Ermittlung von Indikatoren orientiert sich vor allem an den funktionellen und zeitlichen Parametern dieser Prozesse. Der Funktionsbereich ist durch drei Aspekte gekennzeichnet:

- Zeitbestimmung: Ermittlung einer Phasenbeziehung zur äußeren Zeit, die sich in periodischen Verläufen von Umgebungsparametern manifestiert;

— Zeitmessung als Bestimmung einer Zeitdauer: die Umweltverkopplung wird meist als „Photoperiodik“ bezeichnet, wenn Messungen der Hellzeit zugrunde liegen;

— Bestimmung einer Ortszeit als Sondertyp, wie er bei Navigationsleistungen nach „Himmels-Marken“ gefordert wird.

Allgemein lassen sich in Biosystemen 5 Grundformen von zeitlich organisierten Prozessen nachweisen:

1. Ultradiane physiologische Rhythmen (Sekunden- bis Minutenbereich) wie Neuronen-Entladungen, Herzschlag-Rate, Atemfrequenz;
2. Umgebungsbezogene Rhythmen, die den 5 Umgebungszyklen folgen:

— Jahresrhythmen (= saisonaler Rhythmus, = circannualer Rhythmus),
— Lunar-Monats-Rhythmen (= 29,5 Tage, synodischer Monat),
— Springtiden-Rhythmen (= 14,8 Tage, auch Semilunarrhythmen genannt),
— Diurnalrhythmen (= 24 h, auch Circadian-Rhythmen),
— Tiden-Rhythmen (= 12,4 h),
(— eventuell auch Deklinations-Periodik mit $T = 27{,}322$ Tagen; Anzahl der täglich mondfreien Stunden, Stechmesser 1981);

3. Kontinuierliche Zeitbestimmung zur Sicherung zeitspezifischer Umgebungsinteraktionen;
4. Photoperiodik als Antwort auf saisonale Änderungen der Dauer der Lichtzeit (= „Taglänge“);
5. Bestimmung der Dormanzdauer über ein fixiertes Minimum der Quieszenz-Periode bei Diapause, Winterschlaf, Trockenschlaf usw.

Die hochfrequenten (ultradianen) Rhythmen haben keine typischen Eigenschaften einer „inneren Uhr“, weil sie sich relativ leicht durch bestimmte Faktoren modifizieren lassen: So sind die Entladungsraten der Neurone im Augenmuskel einer Schmeißfliege (*Calliphora*) fast linear im Bereich zwischen 15° und 30°C temperaturabhängig mit einem Q_{10} = ca 2 (Abb. 1a). Die

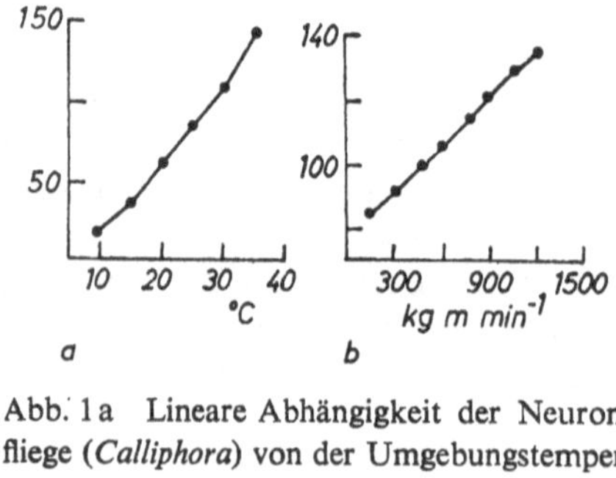

Abb. 1a Lineare Abhängigkeit der Neuronen-Entladung der Augenmuskel der Schmeißfliege (*Calliphora*) von der Umgebungstemperatur.

Abb. 1b Linearer Zusammenhang zwischen Herzfrequenz und körperlicher Belastung beim Menschen (nach Brady 1982).

Herzfrequenz des Menschen zeigt einen linearen Anstieg mit steigendem Energie-Einsatz (kg m min^{-1}) (Abb. 1b).

Eine „Uhr“ als System zur Zeitmessung muß folgende Konstituenten aufweisen:

- einen meßbaren Prozeß, der durch die Ausstattung zeitlich reguliert wird,
- eine Energiequelle, die das System antreibt,
- einen Oszillator oder Schrittmacher,
- einen Kopplungsmechanismus, der den meßbaren Prozeß mit dem Schrittmacher verknüpft,
- einen Justiermechanismus, der eine Abstimmung mit der externen astronomischen Zeit ermöglicht.

In der Experimentalforschung wurde dieser Mechanismus besonders genutzt, um organismische „Uhren“ nachzuweisen, indem man Bedingungen schafft, die den Justiermechanismus außer Funktion setzen, gewöhnlich durch das Ausschalten aller Umgebungsfaktoren, die zur Abstimmung (tatsächlich) genutzt und gewöhnlich als „Zeitgeber“ bezeichnet werden. Es entstehen unter solchen Bedingungen freilaufende Rhythmen, die „innnere Uhr“ geht vor oder nach.

In neueren Untersuchungen wurde unter solchen Bedingungen gelegentlich ein „time-splitting“ beobachtet (Abb. 2). Ferner sind auch Jahreszeiten-Effekte festgestellt worden: Der Grad des Vor- oder Nachgehens kann jahreszeitlich deutlich verschieden sein (Kavaliers 1978).

Die Verhaltensbiologie kennt zahlreiche Zeitmuster im Verhalten, denen eine hohe indikatorische Valenz zukommt, die also bestimmte Änderungen im Organismus-Umwelt-Status anzeigen.

Dabei lassen sich unterscheiden:

— Zeitmuster im Eingangsvektor, also im Bereich der Informationsaufnahme und -vorverarbeitung; so gibt es tages- und jahreszeitliche Unterschiede in der Empfindlichkeit von Sinnesorganen (Rezeptoren) oder lunare Perioden in der spektralen Empfindlichkeit (Abb. 4). Das ist für Guppys nachgewiesen, aber auch bei Frauen bekannt. Die obere Hörgrenze der Stare liegt im Herbst bei etwa 16 kHz, im Frühjahr bei etwas über 20 kHz. Es sind auch ultradiane sensorische Rhythmen bekannt, beispielsweise Minutenrhythmen in der Aufmerksamkeitseinstellung des Menschen. Das menschliche Auge adaptiert bei Lichtwechsel zu verschiedenen Tageszeiten unterschiedlich schnell; das kann bei bestimmten Berufsanforderungen (und für Fahrer eines Wagens) bedeutsam sein. Hier sind nur Beispiele aus der Fülle bekannter Daten genannt; für den Menschen sei auf die Übersicht von Wever (1979) verwiesen.

— Zeitmuster im Zustandsvektor; hier handelt es sich um Änderungen in der Vigilanz, Schlaf und Wachen, aber auch Aktivierungsniveau, emotionaler Status und Motivationen sowie der allgemeine motorische Status sind hier angesprochen. Der Schlaf-Wach-Rhythmus ist dabei natürlich am längsten bekannt, aber auch jahresperiodische Fortpflanzungszyklen gehören dazu.

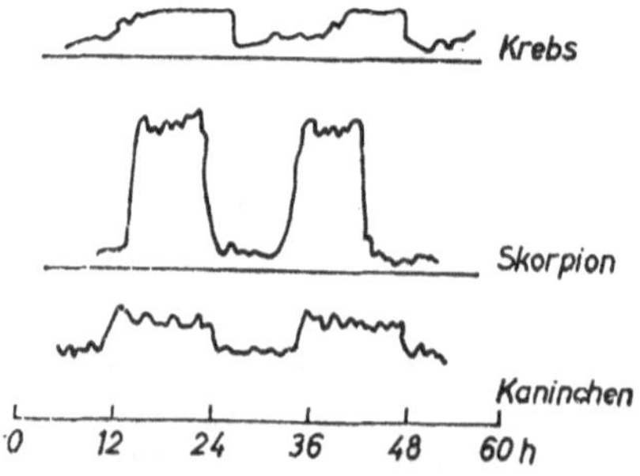

Abb. 2 Elektroretinogramme im Tagesgang: Krebs (*Cambarus*), Skorpion und Kaninchen, über 2 Tage dargestellt (nach BRADY 1982).

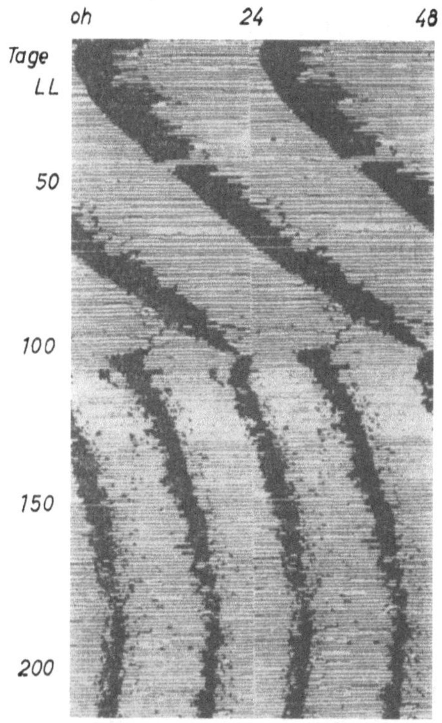

Abb. 3 Tägliche Laufrad-Aktivität beim Goldhamster in Dauerlicht; jede Zeile ist ein Tag (zur besseren Übersicht doppelt abgetragen); die Zahlen von oben nach unten bezeichnen die aufeinaderfolgenden Tage. Am 92. Tag beginnt ein Driften des freilaufenden Rhythmus, eine Morgenkomponente (*M*) und eine Abendkomponente (*E*) bilden sich heraus (= splitting) (nach TUREK, EARNEST und SWANN 1982).

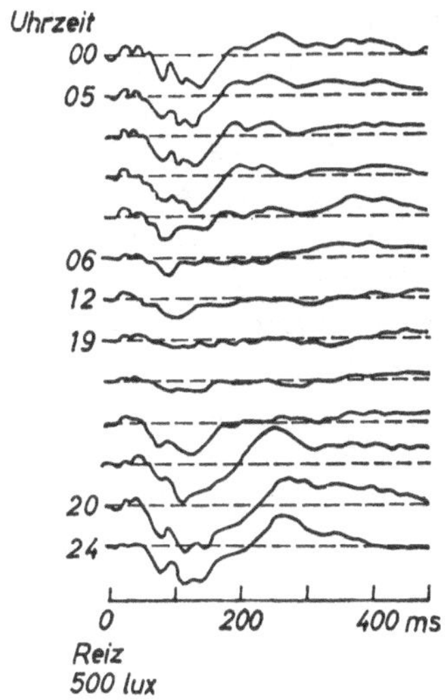

Abb. 4 Licht-evozierte Potentiale im visuellen Cortex des Kaninchens in Abhängigkeit von der Tageszeit (zwischen 5 und 6 Uhr sowie 19 und 20 Uhr viertelstündlich registriert); Sonnenaufgang 5.49, Sonnenuntergang 19,33; die Änderungen vom Nachttyp in den Tagtyp der Potentiale sowie umgekehrt werden damit deutlich (nach Bobbert und Brandenburg 1982).

— Zeitmuster im Ausgangsvektor; hier wird die diskrete Motorik erfaßt, die als allgemeine Motorik oder Aktivität bezeichnet wird, wenn alle in der Umwelt hineinwirkende Bewegungsmuster gemeint sind; als lokomotorische Aktivität werden Bewegungsformen mit Ortswechsel zusammengefaßt. Diese und auch die Gesamtaktivität können qualitativ nach Funktionskreisen unterschieden (z.B. Nahrungsaufnahme) oder noch weiter untergliedert werden.

Eine solche Aufteilung der Zeitmuster erscheint uns wesentlich, weil sie etwas von den Angriffspunkten der Evolution reflektiert, denn Zeitmuster im Verhalten sind evolutiv entstanden und umwelteingepaßt. Bedeutsam ist in der praktischen Forschung — aber auch unter dem Aspekt der Anpassung — darüber hinaus noch die Unterteilung in Gebrauchsverhalten als direkte Interaktion eines Organismus mit seiner informationellen Umwelt, sowie Signalverhalten als Umweltinteraktion (mit Artgenossen) unter Einsatz von Signalen verschiedener Modalität und Qualität. Sehr verallgemeinert gilt, daß Gebrauchsverhalten schneller und spezifischer auf Umwelteinwirkungen anspricht als Signalverhalten, das nicht selten Bestandteil evolutionsstabiler Strategien ist; allerdings muß diese Aussage eingeschränkt und modifiziert werden, wenn Umweltparameter aus der biosozialen Umwelt untersucht werden.

Zunächst sind aber noch einige Anmerkungen zu den Grundlagen der hier zur Erörterung stehenden Phänomene erforderlich, da eine Einsicht in diese die Abwägung der bioindikatorischen Valenz von Zeitmustern wesentlich mitbestimmen wird. Über Energie-Bilanzen, die den Oszillatoren zugrunde liegen, ist bislang nur wenig bekannt, ihre Funktion kann auch bei schwerer Anoxie erhalten bleiben. Gleichwohl gibt es heute einige Ansätze, die gerade den Energie-Stoffwechsel als Quellpunkt für die Pacemaker ansehen. Hier sei an die Regulation der Glykolyse durch ATP erinnert. Unklar sind jedoch immer noch weitgehend die Grundlagen der Oszillationen als selbsterregte Schwingungen, obwohl in letzter Zeit einige erfolgreiche Experimente bei verschiedenen Tiergruppen Einsicht gebracht haben, die Hinweise auf wesentliche Strukturen in diesem Kontext liefern. So zeigen bestimmte Sperlingsvögel, die unter Dauerbedingungen arhythmisch waren, nach Implantation eines Pinealorgans, das aus einem Exemplar mit circadianem Rhythmus stammte, wieder einen Rhythmus. Isolierte Pinealorgane weisen noch eine Tagesrhythmik in der Melatonin-Freisetzung auf (Abb. 5). In anderen Fällen (speziell bei Säugetieren) blieben

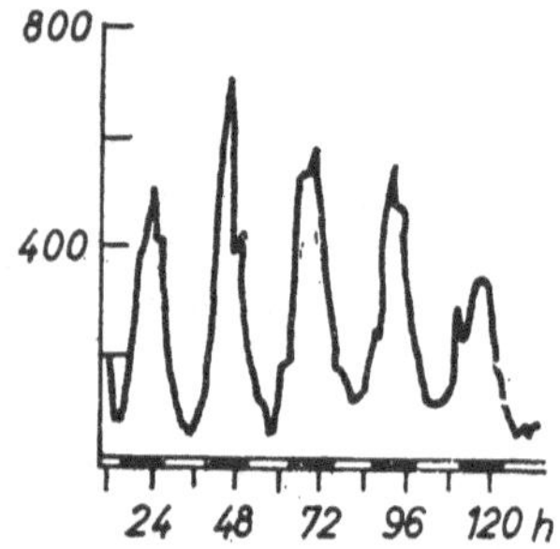

Abb. 5 Rhythmen der Melatonin-Freisetzung in einem isolierten (perfundierten) Pinealorgan des Haushuhns über 5 aufeinanderfolgende Tage mit ausgeprägtem circadianem Muster (nach Takahashi 1982).

indes solche Versuche ergebnislos (vgl. Brady 1982). Bei Insekten befindet sich im Lobus opticus — und damit in Verbindung mit dem vorderen Hirnabschnitt, dem Protocerebrum, ein entsprechendes Zentrum. Dabei wirken Neurosekrete, Nervenbahnen und Hormone als Kopplungsmechanismen, vor allem für zyklische Prozessse in Körpergebieten, die exogenen Zeitgebern nicht unmittelbar ausgesetzt sein können. Abb. 6 bringt ein Beispiel für die heutigen Modellvorstellungen über die Zusammenhänge zwischen physiologischen Faktoren, Umgebungsbedingungen, Verhaltensmechanismen und internen Prozessen der Temperatur-Regulation bei Primaten. Bei den Wirbeltieren wird heute der Nucleus suprachiasmaticus im Diencephalon als eine der basalen Strukturen für die Erzeugung selbsterregter Schwingungen mit circadianem Rhythmus angesehen (Abb. 7). Bei den Wirbellosen scheinen ebenfalls im Bereich der Sehbahnen vergleichbare Zentren zu liegen, selbst für Schnecken (Mollusca) haben jüngste Versuche Hinweise darauf erbracht (Abb. 8). Dabei hat das „Zwei-Oszillator-Modell“ von Pittendrigh und Daan (1976) einen

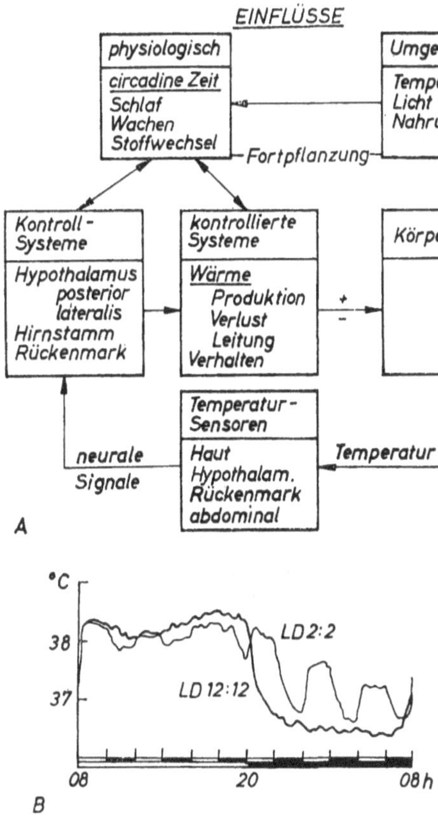

Abb. 6A Block-Diagramm zur Darstellung des Regulationssystems für die Körpertemperatur bei Primaten.

Abb. 6B Änderungen der Körpertemperatur beim Totenkopfaffen (*Saimiri*) bei Lichtdunkelwechsel 12 : 12 h und 2 : 2 h, wobei im letzten Fall in der Phase gesenkter Temperatur ein ultradianes dem LD-Wechsel angepaßtes Zeitmuster im Temperaturverlauf erkennbar wird (nach Fuller und Sulzman 1982).

guten heuristischen Wert; hier werden photoperiodische Ereignisse mit dem Auftreten bestimmter Unterschiede in dem Phasen-Winkel zwischen zwei Oszillatoren verknüpft, deren einer, der „Morgen-Oszillator" auf Licht-Ein anspricht, während der andere, der „Abend-Oszillator" auf Licht-Aus reagiert. In diesem Zusammenhang ist auch das „timesplitting" zu sehen, auf das bereits im Zusammenhang mit den freilaufenden Rhythmen verwiesen wurde (vgl. Abb. 2).

Auf der Grundlage solcher Mechanismen sind Justierungen nach äußeren Zeitgebern notwendige adaptive Prozesse, die ihrerseits die Evolution entsprechender Oszillatoren gefördert haben.

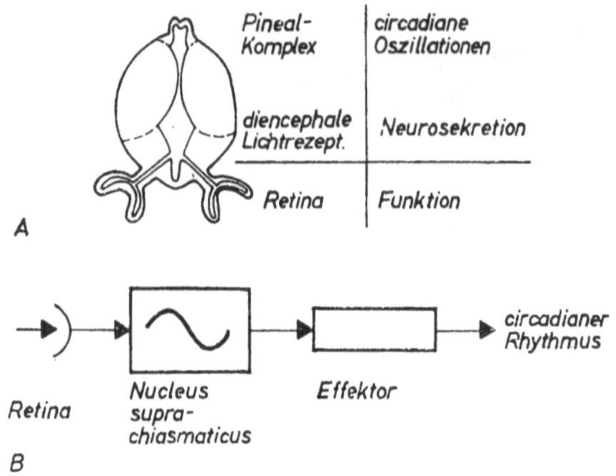

Abb. 7A Schematische Darstellung eines Querschnittes des embryonalen Zwischenhirns der Wirbeltiere zur Veranschaulichung evolutiver Entwicklungen photosensorischer Systeme (nach HARTWIG 1982).

Abb. 7B Modell zur Darstellung der Generierung circadianer Rhythmen und ihrer Ankopplung an äußere Zeitgeber bei Säugetieren, wobei im Nucleus suprachiasmaticus ein autonomer Oszillator angenommen wird; die strukturellen Zusammenhänge mit dem Effektor sind im einzelnen noch unbekannt (nach RUSAK 1982).

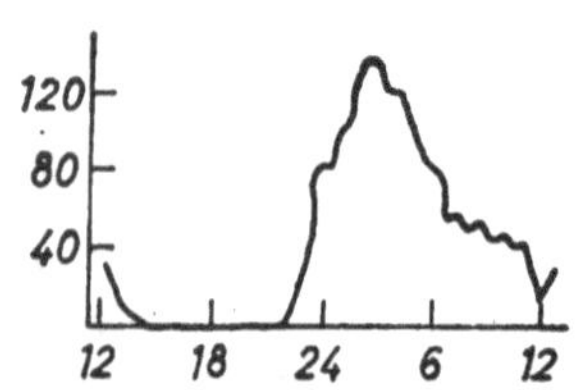

Abb. 8 Stündliche Entladungsrate (Ordinate) vom Sehnerven der Meeresschnecke *Bulla* im Tagesgang, während der Versuche im Dauerdunkel gehalten. Das tageszeitliche Spontanmuster bleibt nach Ausschaltung der Netzhaut erhalten (nach BLOCK und WALLACE 1982).

Man kann in diesem Zusammenhang von einer Orientierung in der Zeit sprechen. Derartige Vorgänge machen es aus der Sicht der Verhaltensbiologie auch verständlich, daß neben der „reaktionsspezifischen Energie“ für ein spezielles motiviertes Verhalten ein unspezifisches Aktivierungsniveau, das durch einen circadianen Rhythmus gekennzeichnet ist, zusätzlich wirksam wird. Diese Auffassung haben wir bereits 1956 vertreten (TEMBROCK 1956) und beispielsweise experimentell über die reaktive Geräuscherzeugnug (Stridulation) eines Bockkäfers (*Cerambyx cerdo* (TEMBROCK 1960)) nachgewiesen. Eine kürzlich veröffentlichte Untersuchung von KAISER und STEINER-KAISER (1983) über die Reaktion der Honigbiene (*Apis mellifera*) auf optische Muster-Reize zeigt entsprechende Befunde (Abb. 9). Hier geht also neben den Funktionen des Eingangsvektors auch der Zustandsvektor in das Zeitmuster des Verhaltens- mit ein. Damit ist der Hinweis gegeben, daß die Wechselwirkungen zwischen

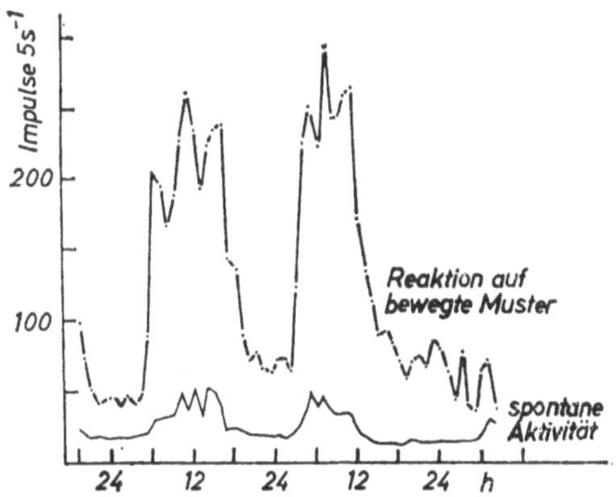

Abb. 9 Honigbiene (*Apis mellifera*): Antwort eines optomotorischen Interneurons auf einen Standard-Reiz (Horizontalbewegung eines Streifenmusters) gegen die Tageszeit abgetragen, darunter die Spontanentladungen (ohne Reizangebot) (nach KAISER und STEINER-KAISER 1983).

den oben genannten drei Vektoren des Verhaltens in vielen Fällen erst die tatsächliche der Umwelt angepaßte Zeitstruktur der Verhaltensinteraktionen bestimmen.

Die Orientierung in der Zeit ist für die Organismen als ökologische Anpassung von herausragender Bedeutung, da es zahlreiche zeitlich gebundene Umweltbedingungen gibt, die mit biologisch relevanten Faktorengefügen verknüpft sind. Dabei ist zu beachten, daß bei diesen Umweltfaktoren unabhängige und abhängige unterschieden werden sollten, die unabhängigen werden durch das Zeitverhalten des Organismus nicht beeinflußt, die abhängigen aber sehr wohl. Dies sind andere Lebewesen, die individuell oder auch über Evolutionsmechanismen auf Zeitmuster ansprechen und je nach Selektionsdruck die Phasenbeziehung modifizieren oder variieren. Dabei gibt es innerhalb der reaktiven Umweltsysteme nochmals zwei Typen, die Artgenossen und die Nicht-Artgenossen. Da Artgenossen prinzipiell den gleichen Genbestand haben und sich höchstens in bestimmten Allelen unterscheiden, werden hier andere Anpassungsmechanismen wirksam als bei Nicht-Artgenossen. Zwischen Artgenossen gewinnen individuelle Modifikationen einen besonderen Stellenwert. Damit leiten sich aus der Orientierung in der Zeit im Verhalten spezielle Zeitansprüche ab, die sich über die bereits genannten Formen der zeitlichen Eintaktung mit der Umwelt verknüpfen. Hierbei ist der Tagesgang als geophysikalischer Prozeß die herausragende (unabhängige) Umweltkonstituente, die zu einer Anpassung der Lebewesen im Verlauf der Stammesgeschichte geführt hat; dabei ist zu berücksichtigen, daß im Devon das Jahr etwa 400 Tage hatte. Das Wesen der Repetition biologischer Prozesse auch auf der Verhaltensebene verknüpft sich mit diesen Voraussetzungen; das bekannteste Beispiel ist der Wechsel im Arousal-Status, speziell aber der Schlaf-Wach-Rhythmus. Die Wahrscheinlichkeit der Ankopplung an äußere Perioden nimmt mit der Zunahme der Periodenlänge biologischer systemspezifischer Rhythmen (über den Minutenbereich hinaus) zu. Der Organismus ist eben ein „Multi-Oszillator-System", dessen interne Zeitmuster unterschiedliche Formen der Integration und Desintegration aufweisen können:

- Desynchronisation als Aufhebung der Phasenbeziehung,
- Dissoziation als Veränderung der Phasenbeziehung,
- Gating als Veränderung der Periodendauern im Sinne ganzzahliger Vielfacher,
- Splitting (vgl. Abb. 2).

Die hier abgeleiteten Zeitansprüche der Organismen realisieren sich über wenigstens drei Formen der Umweltintegration:

- Verkopplung physiologisch determinierter Körperfunktionen, Wachstumsprozesse eingeschlossen;
- Verkopplung ökologisch determinierter Interaktionen, speziell bei der Realisierung der Raum-, Stoffwechsel-, Schutz- und Informationsansprüche;
- Verkopplung populationsspezifischer Interaktionen, die auf Artgenossen orientiert sind und durch biokommunikative Signale gesteuert und geregelt werden.

In der Anthropogenese, aber im Ansatz auch bereits in der biologischen Evolution kommen noch hinzu:

- lernspezifische Interaktionen in (Bio-)Sozialeinheiten,
- gesellschaftliche Interaktionen.

Alle diese Interaktionsmuster bilden eine Enkapsis. Die verschiedenen Kopplungsmatrizen spezifizieren auch die aktuellen Zeitgeber; so dominieren beim Menschen die sozialen Zeitgeber. Rhesusaffen, die bei getrennter Haltung unterschiedliche Tagesmuster der Nahrungsaufnahme ausbilden, synchronisieren diese jedoch, wenn sie sich sehen und hören können. Frauen, die im gleichen Raum leben, zeigen eine Tendenz zur Synchronisation ihrer Zyklen. Hier kann aber auch die soziale Affinität in das Ursachengefüge mit eingehen. Affenkinder, die von ihren Mutterweibchen isoliert werden, zeigen nach einer „Protest-Phase" eine Depression, die mit Störungen in der Herzrate, der Körpertemperatur, einer Zunahme cardialer Arhythmien und vielfach Störungen im zellularen Bereich der Immun-Funktionen verbunden ist

Desynchronisationen von Rhythmen wurden auch als Komponente des Zustandes bei Menschen vor einem Suizid festgestellt (REITE et al. 1982). Bei Makakenjungen, die vom Muttertier isoliert wurden, sind signifikante Zeitmuster-Änderungen im Tagesgang von Herzrate und Körpertemperatur nachgewiesen, so daß eine Beziehung zwischen der Steuerung circadianer Rhythmen und dem emotionalen (affektiven) Status als sehr wahrscheinlich angenommen werden kann (Abb. 10).

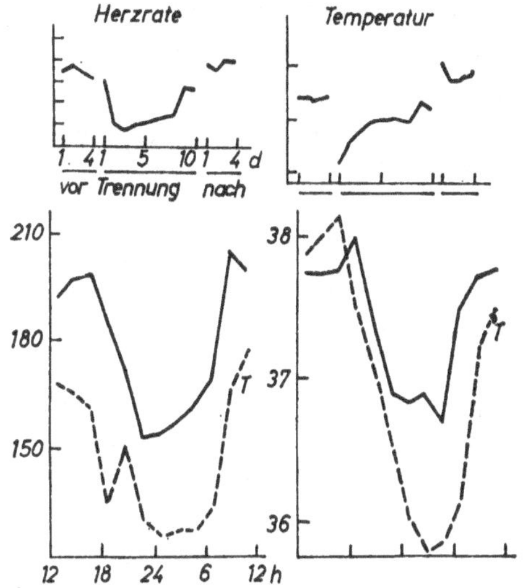

Abb. 10 Schweinsaffe (*Macaca memestrina*): Herzrate und Körpertemperatur von Jungtieren vor, während (10 Tage) und nach der Trennung von der Familiengruppe, einschließlich des Muttertieres. Unten sind die Werte im Tagesgang dargestellt, wobei die ausgezogene Linie die Bezugswerte (im Verband) und die unterbrochene Linie die Werte in der Phase der Trennung (*T*) wiedergeben (nach REITE, SEILER CROWLEY 1982, neu zusammengestellt).

Allein die Aufhebung einer biosozialen (oder sozialen) Bindung kann bei Beibehaltung der anderen Zeitgeber zu starken Desynchronisationen und anderen Formen der Desintegration interner Rhythmen führen. Dies kann zur Konstituente des „Pensions-Traumas“ beim Menschen werden. Die Fähigkeit zur Synchronisation interner Zeitmuster mit äußeren Periodizitäten ist ein elementarer Adaptationsmechanismus, wobei die Zeitgeber in spezifischer Weise mit den Umweltansprüchen gekoppelt sind, die den Adaptationsprozeß determinieren. PAIETA (1982) geht von der Hypothese aus, daß der Hell-Dunkel-Zyklus in zweifacher Form in den Evolutionsprozeß einbezogen ist: Einmal als Selektionsfaktor für eine circadiane Organisation biologischer Prozesse, zum anderen als Zeitgeber. Dabei soll nach dieser Auffasung bei der Entstehung der Eukaryoten die Koinzidenz des Licht-Dunkel-Zyklus mit einem zunehmenden Gehalt an freiem Sauerstoff die entscheidene selektive Kraft gewesen sein, womit die photochemischen Vorgänge eine zentrale Bedeutung in diesem Zusammenhang erhalten.

Damit können wir aus der Analyse der chronobiologischen Phänomene in Hinblick auf die Beziehung zum Licht-Dunkel-Wechsel folgende Feststellungen ableiten:

1. Es gibt einen fundamentalen 24-h-Rhythmus, der im Zusammenhang mit der Erdrotation steht und über natürliche Selektion zu einer internen Chronometrie mit einer 24-h-Periodik bei Pflanzen und Tieren geführt hat.

2. Biologische Uhren sind wiederholt unabhängig voneinander entstanden, ihre formalen Eigenschaften stimmen jedoch bei vielen Organismen überein, von den Einzellern bis zum Menschen. Die funktionellen Parameter bedingen universelle Prinzipien in den Lösungswegen der Anpassung, vergleichbar der Evolution der Sehorgane im Tierreich.

3. Die Fähigkeit zur Zeitmessung wird im allgemeinen durch ein Oszillatorsystem („Uhr" mit den obengenannten Eigenschaften) realisiert, meist über zyklische Prozesse, seltener nach einem Sanduhr-Prinzip oder einem Vorgang, der hochfrequente Ereignisse zählt.

HUFELAND hat diese Zusammenhänge bereits 1797 erkannt: „Die 24-stündige Periode, welche durch regelmäßige Umdrehung des Erdkörpers auch allen seinen Bewohnern mitgeteilt wird, zeichnet sich besonders in der physischen Ökonomie des Menschen aus. In allen Krankheiten äußert sich diese regelmäßige Periode und alle anderen so wunderbar pünktlichen Termine in unserer physischen Geschichte werden im Grunde durch diese einzelne 24-stündige Periode bestimmt. Sie ist gleichsam die Einheit unserer natürlichen Chronologie". 1814 hat dann VIREY eine Dissertation zur Tagesperiodik beim Menschen vorgelegt, die er eine „horloge vivante, montré par la nature" nannte. Heute sollte man beim Menschen folgende die Biorhythmen modifizierende Faktoren unterscheiden (vgl. KLEIN et al. 1976):

- Disposition;
- Erfahrung (Training), wobei der Mittelwert der Oszillationen zunimmt, die Amplitude sinkt, das Aktivierungsniveau steigt und die Schwankungsbreite vermindert wird;
- Motivation, sie kann die Kurve durch „Sonderaufwand" abflachen, die Talphase anheben und dadurch das Gesamtniveau (den Gleichwert) erhöhen;
- Personalität, wobei die Extrovertierten als „Abendtypen", die Introvertierten als „Morgentypen" bezeichnet werden, zwischen denen es noch einen Mitteltyp geben kann. Es gibt Hinweise auf tatsächliche Differenzen, so lassen sich in der Herzrate Morgen- und Abendtypen zwischen 9 und 11 Uhr signifikant unterscheiden (IRLENBUSCH et al. 1980); bei Abend-

typen verlängern sich im freilaufenden Rhythmus die Perioden stärker als bei Morgentypen;

— Schlaf-Wach-Zyklus als Bestandteil des Circadianmusters, er kann dieses jedoch modifizieren: Der nächtliche Reaktionsabfall ist bei Personen, die wachgehalten im Labor geprüft werden, geringer als bei solchen, die zum Test geweckt werden. Bei Schlafunterdrückung sinkt das Niveau, die Oszillationen verstärken sich jedoch;

— externe Zeitgeber: ihre Ausschaltung führt zu internen Desintegrationen (s.o.).

Systeme, die ohne Zeitgeber einen „freilaufenden Rhythmus" mit einer Periodendauer von etwa 24 $\pm$ 2 h aufweisen, werden als „circadian" bezeichnet. Bei den zugrunde liegenden Vorgängen ist zu denken an kinetische Instabilitäten, Antivalenz von Prozeßabläufen, räumliche Prozeßaufbereitung, Fähigkeit zur spontanen Regeneration der Prozeßumwandlung; dabei kommt Rückkopplungsphänomenen und ihren Zeitkonstanten eine besondere Bedeutung zu. Das kann regelhafte Instabilitäten einschließen.

Die zeitliche Organisation des Prozeßverlaufes auf der Verhaltensebene sowie seine spezielle Struktur erfordern noch weitere Studien zur Vermittlung einer tieferen Einsicht in die angedeuteten Zusammenhänge, weil die Verlaufsformen der Amplituden neben der Zeitstruktur selbst mit dem generierenden Prozeß gekoppelt sind und daher auch eine hohe indikatorische Valenz aufweisen können. Wir leiten aus den bisher vorgestellten Zusammenhängen folgende indikatorische Parameter ab:

— das Zeitmuster der jeweiligen Prozesse, etwa über Fourier-Analyse und ähnliche Verfahren (vgl. CHATFIELD 1982) aufgrund von Chronogrammen,

— die Klasse der jeweiligen Prozesse auf der Grundlage von Etho-Chronogrammen,

— die raumzeitliche Ordnung der Prozesse auf der Grundlage von Topo-Chronogrammen,

— die raumzeitliche Ordnung bestimmter Verhaltenseinheiten aufgrund von Etho-Topo-Chronogrammen (vgl. LUNDBERG 1979),

— die spezielle Struktur des Zeitmusters, etwa über Analyse von Trajektorien oder mittels Cosinorverfahren (als Beispiele),

— die Typen der Integration und Desintegration multioszillatorischer Prozesse.

Im folgenden soll an wenigen Beispielen die bioindikatorische Valenz chronobiologischer Prozesse auf der Verhaltensebene vorgestellt werden. Daß die Herzfrequenz bei Einsatz der vorgenannten Verfahrensweisen ein guter Indikator — auch für den Verhaltensstatus — ist, wird durch zahlreiche Arbeiten der letzten Jahre, nicht zuletzt auch in unserer Arbeitsgruppe (R. SIEGMUND, A. BILSING) bestätigt. Das soll zunächst an einem Beispiel aus der Arbeitsgruppe von D. v. HOLST vorgestellt werden: W. STÖHR (1982) untersuchte in Langzeitversuchen Spitzhörnchen, die bei Gruppenhaltung eine biosoziale

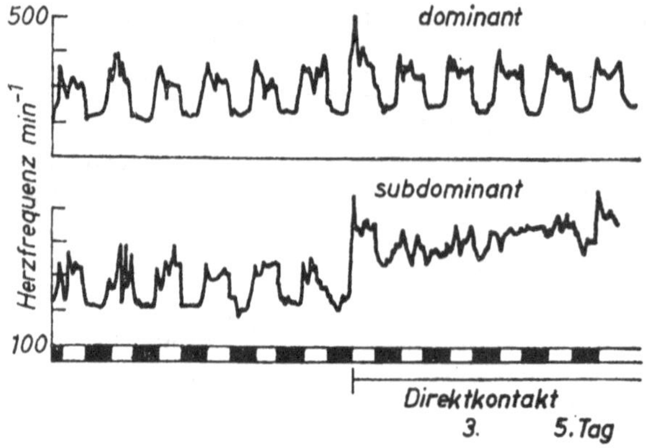

Abb. 11 Herzfrequenz von zwei Tupajamännchen (Spitzhörnchen) vor und während eines Direktkontaktes, wobei ein Männchen dominant wurde (neu gezeichnet nach einer Darstellung aus STÖHR 1982; die Markierung bedeutet die Hell- und die Dunkelphase mit LD = 12 : 12).

Rangordnung ausbilden. Abb. 11 zeigt den tageszeitlichen Verlauf der Herzfrequenz sowie die Änderung bei Zusammensetzen zweier Männchen, deren eines gegenüber dem jüngeren dominant war: Das Niveau liegt bei dem subdominanten Individuum signifikant über dem Ausgangsniveau, das beim dominanten Tier nach kurzem Anstieg beim Zusammensetzen weiter bestehen bleibt. Beim subdominanten Tier wird zugleich das Tagesmuster verwischt, es entsteht eine permanente Tachykardie, die auch beibehalten wird, wenn das dominante Tier nachts in seinem Kasten schläft. Zugleich wird die Motorik des subdominanten Tieres gehemmt.

Daraus läßt sich ein weiterer indikatorischer Ansatz dieser Verfahren ableiten: Während langzeitig unter Normalbedingungen (also angepaßt) das Tagesmuster der Herzfrequenz sowie der lokomotorischen Aktivität weitgehend positiv korreliert sind, kommt es zu einer Entkopplung bei aktuellen Umwelteinflüssen; diese kann daher als Kriterium für die Gewichtung einer solchen Einflußgröße genutzt werden. In den Befunden von R. SIEGMUND (1981) an Karpfen gibt es dafür zahlreiche Beispiele, aber auch die Feststellung, daß bei Tieren in Gruppe im Langzeitversuch die positive Korrelation zwischen Herzrate und lokomotorischer Aktivität (Schwimmaktivität, gemessen über Lichtschranken) höher ist als bei Einzelhaltung. Dabei liegt die Herzrate mit 42,3 min^{-1} signifikant höher als bei Einzelhaltung mit 34,8 min^{-1}. Die Zeitmusteranalyse von Herzrate und Schwimmaktivität als Bioindikator wird auch durch die folgenden Ergebnisse von R. SIEGMUND (1981) in ihrer Valenz bestätigt: Bei einer Senkung der Umgebungstemperatur von 21 °C auf 16 °C beträgt die positive Korrelation zwischen beiden Parametern $r = 0{,}92$; lag die Ausgangstemperatur jedoch weit unter dem Optimum bei 16° und erfolgte dann ein Anstieg auf 21°C, ergab sich eine Korrelation mit $r = 0{,}72$. Bei Kurzzeitmessungen lassen sich Herzfrequenzänderungen erfassen, die als Antwort auf Futterangebot auftreten. Abb. 12 zeigt diese Änderungen 10 min nach Fütterung bei 20°C Wassertemperatur im Wechsel der Jahreszeiten: Ein saisonaler Effekt wird wirksam.

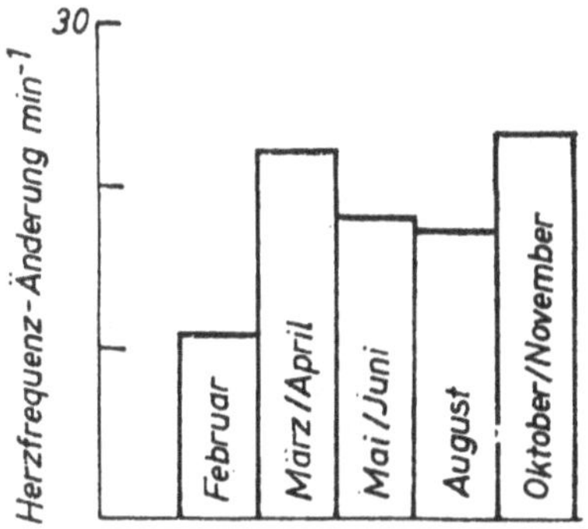

Abb. 12 Karpfen: Herzfrequenzänderungen 10 min nach Futterangebot in Abhängigkeit von der Jahreszeit (nach Angaben aus SIEGMUND 1981).

Eine gute indikatorische Valenz hat auch die Periodendauer spezieller Verhaltensweisen. Das tägliche Zeitmuster des Trinkens der Maus unterscheidet sich in dieser Beziehung signifikant bei DD (Dauer-Dunkel) gegenüber LD (Licht-Dunkel), wie Abb. 13 belegt. Die Periodenlänge der absolut dominierenden Frequenz beträgt bei LD 24 h, bei DD 23 h. Während hier stoffwechselphysiologische circadiane Rhythmen indikatorisch auf der Verhaltensebene wirksam werden, gibt es vergleichbare Zusammenhänge auch im hormonalen Bereich. Bei Rhesus-Affen besteht ein signifikanter Unterschied im Hormonspiegel (Serum) für Testosteron, Östradiol, Cortisol und LH in den Werten um 9 Uhr und 21 Uhr, wobei für Testosteron und LH die Werte abends höher liegen, bei Östradiol und Cortisol morgens (CHAMBERS et al., 1982). Bei der Auswertung sind auch Amplitudenverläufe Kriterien der Differenzierung.

Fourier-Analysen oder ähnliche Verfahren, die zu „Leistungs-Spektren" führen, haben eine hohe indikatorische Valenz. Dabei darf generell davon ausgegangen werden, daß etwa bei Einsatz der Autokorrelation und des Amplitudenspektrums erfaßte Leistungsmaxima im Ausmaß ihrer Prägnanz ein Kriterium für die relative Stabilität eines Prozesses darstellen; je deutlicher bestimmte Periodendauern sich herausheben (z.B. 24 h, 12 h, 6 h usw.), desto

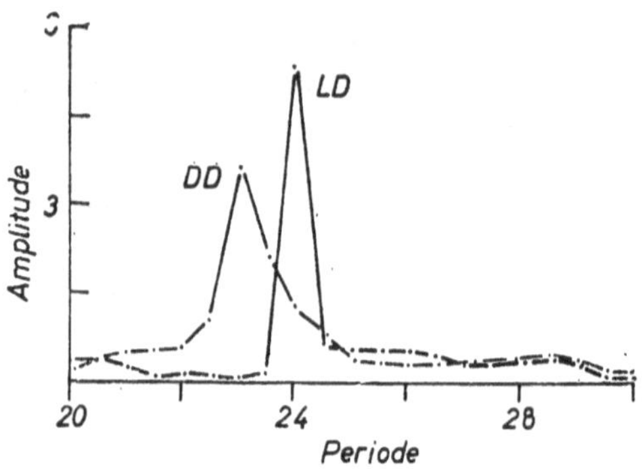

Abb. 13 Perioden-Spektrum der Wasseraufnahme bei der Maus im Licht-Dunkel-Wechsel (LD 12 : 12) und bei Dauerdunkel (DD), wobei sich die Periode auf 23 h verkürzt (nach SULZMAN 1982).

wahrscheinlicher ist, daß die Organismus-Umwelt-Interaktionen sich im Normbereich bewegen. Die Parameter solcher Leistungsspektren können daher auch zur Optimierung herangezogen werden, wie es beispielsweise über die Bewegungszeitmuster bei Lämmern in der Schafproduktion bereits praktiziert worden ist (SCHEIBE u. SINZ 1974). In diesem Falle konnten die Befunde in der Schafproduktion unmittelbar wirksam werden; die Abb. 14 zeigt die optimale Gruppengröße (5 Tiere mit einem prägnanten Leistungsspektrum gegenüber der Gruppe mit 2 Tieren und ungeordneter zeitlicher Gliederung der lokomotorischen Aktivität der Lämmer.

In einer anderen von uns durchgeführten Versuchsreihe erwies sich die Phasenverschiebung als signifikanter Indikator: Karpfen und Forellen (einsömmerig) erhielten Chloramphenicol mit einer Behandlungsdauer von einer

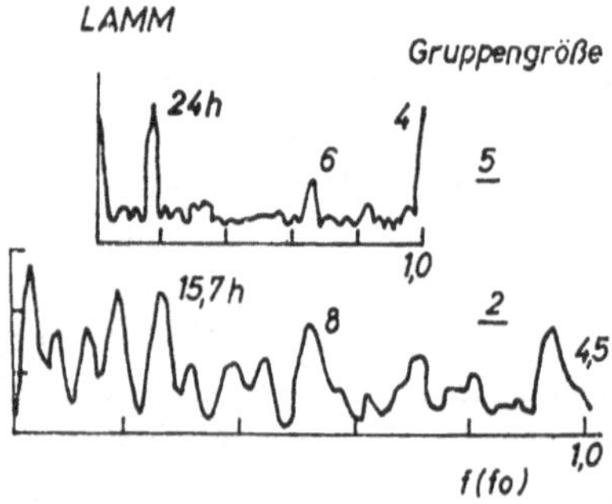

Abb. 14 Leistungsspektrum der Zeitmuster der Bewegung von 5 Schaf-Lämmern in einer Box sowie 2 Tieren, bei denen eine geordnete zeitliche Gliederung nicht erkennbar ist (nach SCHEIBE und SINZ 1974).

Woche. Unter Einfluß dieses auch als Chlornitrin bezeichneten Antibiotikums, das therapeutisch verwendet wird, trat bei beiden Fischarten eine Verschiebung der Akrophase um etwa 2 Stunden auf (Abb. 15) (M. REIDE, unveröffentlicht).

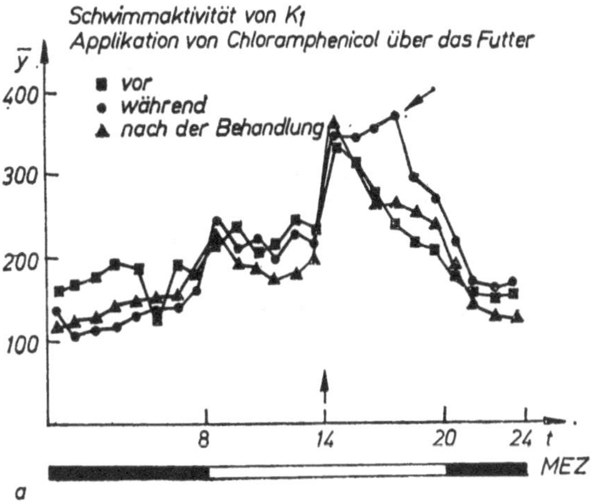

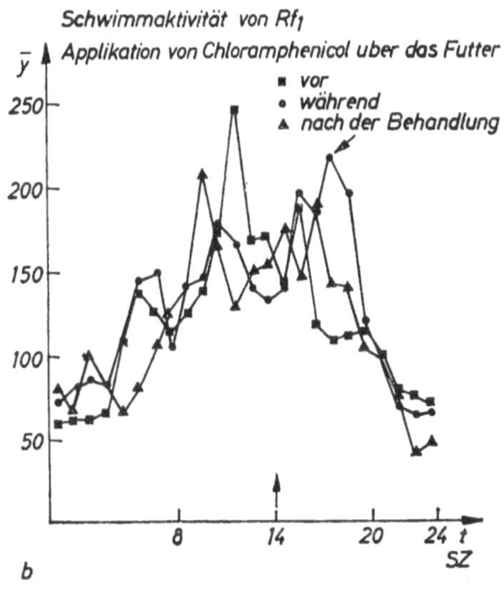

Abb. 15 Applikation von Chloramphenicol über das Futter: *Karpfen* (AD = 50 mg kg^{-1} Fischmasse 1. Tag; ED = 30 mg kg^{-1} Fischmasse 2.–5. Tag), *Forelle* (AD = 75 mg kg^{-1} Fischmasse 1. Tag; ED = 50 mg kg^{-1} Fischmasse 2.–5. Tag).
a) *Karpfen*, Schwimmaktivität vor, während und nach der Behandlung, jeweils eine Woche; b) *Forelle*, entsprechend. Der Pfeil über der Abszisse bezeichnet den Zeitpunkt der Fütterung, der obere Pfeil markiert die während der Behandlung verlagerte Akrophase der Schwimmaktivität; bei beiden Arten die gleiche Phasenverschiebung (Graphik M. REIDE nach eigenen Befunden, unveröff.).

Aus Befunden dieser Art und weiteren, die sich vor allem auf physiologische Parameter stützen, lassen sich zwei grundsätzliche Folgerungen ableiten:

1. Es gibt für die jeweils zu diagnostizierenden Phänomene tageszeitliche Muster der Sensibilität und damit der Trennschärfe; so können bestimmte Allergie-Tests in den Morgenstunden völlig ergebnislos bleiben, wenige Stunden später aber klare Befunde erbringen. Die bereits verfügbaren Phasenkarten (für den Menschen) sind daher ständig zu erweitern, so daß aus ihnen optimale Diagnose-Termine abgelesen werden können. Dabei ist freilich einzukalkulieren, daß Krankheiten bzw. abweichende Systemzustände diese Zeitmuster selbst verändern können, auch dazu sollten Befunde erhoben werden.

2. Es gibt für die jeweils zu behandelnden Störungen im Organismus zell- und organspezifische Zeitmuster im Tagesgang, die eine entsprechende Anpassung der Dosis erforderlich machen (Abb. 16). Aus Tierversuchen ist

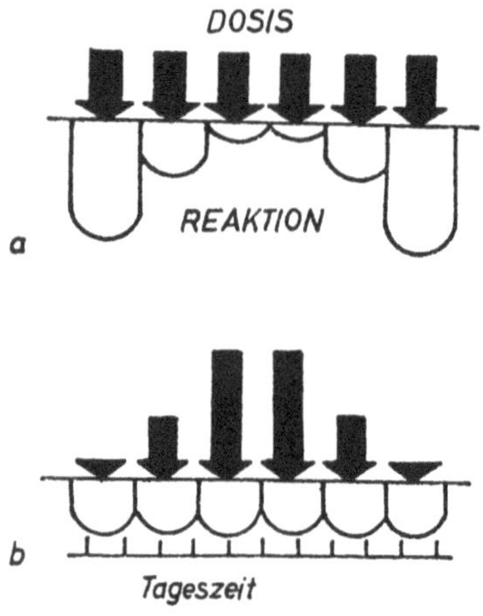

Abb. 16 Schematische Darstellung der Grundlagen der Chronotherapie bzw. Chronopharmakologie (umgezeichnet nach Halberg et al. 1977).

bekannt, daß bestimmte Röntgen-Strahlen-Dosen bei Ganzkörperbestrahlung zu einer Tageszeit letal sein können, während sie zu anderen Tageszeiten keine sichtbaren Störungen hervorrufen.

Wir dürfen heute bereits davon ausgehen, daß chronobiologischen Prozessen auf der Verhaltensebene eine hohe bioindikatorische Valenz zukommt, die auch zur Erfassung von Umweltbelastungen herangezogen werden kann. Die relativ leichte und rückwirkungsarme bis rückwirkungsfreie Datenerhebung hierzu empfiehlt eine umfassende Fortführung derartiger Untersuchungen zur Ausarbeitung von normierten Testverfahren, die im Labor und im Freiland einsetzbar sind. Der Bedarf der Praxis ist erheblich, die Bedeutung für das Gesundheitswesen kann schwerlich unterschätzt werden.

Literatur

Aschoff, J./S. Daan/G. A. Gross (Hg.) (1982), Vertebrate circadian systems, Berlin-Heidelberg-New York.

Block, G. D./S. F. Wallace (1982), Localization of a circadian pacemaker in the eye of a mollusc, *Bulla*, in: Science 217, S. 155–157.

Bobbert, A. C./J. Brandenburg (1982), Characteristics in the interaction between the central circadian mechanism and the retina of rabbits, in: Aschoff, Daan, Gross (s. dort), S. 52–61.

Brady, J. (1982), Biological Timekeeping, Cambridge.

Chambers, K. C./J. A. Resko/C. H. Phoenix (1982), Correlation of diurnal changes in hormones with sexual behavior and age in male rhesus macaques, in: Neurobiol. and Aging 3, S. 37–42.

Chatfield, C. (1982), Analyse von Zeitreihen, Leipzig.

Fuller, C. A./F. M. Sulzman (1982), Circadian control of body temperature in primates, in: Aschoff, Daan, Groos (s. dort), S. 224–236.

Halberg, F./E. Haus/W. Nelson/R. Sothern (1977), Chronopharmacology. chronodietetics and eventually clinical chronotherapy, in: Nova acta Leop. N. F. 46 (Nr. 225), Halle.

Hartwig, H.-G. (1982), Comparative aspects of retinal and extraretinal photosensory input channels entraining endogenous rhythms, in: Aschoff, Daan, Gross (s. dort), S. 25–30.

Kaiser, W./J. Steiner-Kaiser (1983), Neuronal correlates of sleep, wakefulnes and arousal in a diurnal insect, in: Nature 301, S. 707–709.

Kavaliers, M. (1982), Seasonal changes in the circadian period of the lake club, *Couesis plumbeus*, in: Can. J. Zool 56, S. 2591–2596.

Klein, K. E./H. Wegmann/G. Athanassenas/H. Hohlweck/P. Kuklinski (1976), Air operations and circadian performance rhythms. Aviation, Space, and Environm, in: Med. 47, S. 221–230.

Lundberg, U. (1979), Diagnostische Grundkategorien des äußeren Verhaltens von Tieren, in: Zool. Jb. Physiol. 83, S. 263–279.

Menaker, M. (1982), The search for principles of physiological organization in vertebrate circadian systems, in: Aschoff, Daan, Groos (s. dort), S. 1–12.

Paieta, J. (1982), Photooxydation and the evolution of circadian rhythmicity, in: J. theor. Biol. 97, S. 77–82.

Pittendrigh, C. (1981), Circadian organization and the photoperiodic phenomena, in: Follett, B. K. & Follett, D. E. (Hg.), Biological clocks in seasonal reproductive cycles, Bristol.

Pittendrigh, C./S. Daan (1976), A functional analysis of circadian pacemakers in nocturnal rodents, in: J. Comp. physiol. 106, S. 291–355.

Reite, M./C. Seiler/T. Crowley/M. Hydinger-Macdonald/R. Short (1982), Circadian rhythm changes following maternal separation, in: Chronobiologia 9, S. 1–11.

Rusak, B. (1982): Physiological models of the rodent circadian system, in: Aschoff, Daan, Groos (s. dort), S. 62–74.

Scheibe, K./R. Sinz (1974), Korrelations- und spektralanalytische Untersuchungen über die Aktivitätsrhythmik zur Optimierung der Intensivhaltungsbedingungen in der Lämmermast, in: Monatsh. Vet.-med. 29, S. 410–415.

Siegmund, R. (1981), Zeitmusteranalysen von Schwimmaktivität und Herzrate zur Bestimmung von Umwelteinflüssen auf das Verhalten von Fischen, Diss. (B), Humb.-Univ. Berlin.

Stechmesser, G. (1981), Die Deklinationsperiodik des Mondes als Zeitgeberkomponente eines bisher unbekannten Langzeitrhythmus bei Tier und Mensch, Diss. (A) Humb.-Univ. Berlin.

STÖHR, W. (1982), Telemetrische Langzeituntersuchungen der Herzfrequenz von *Tupaia belangeri*: Basalwerte sowie phasisch unde tonische Reaktionen auf nichtsoziale und soziale Belastungen, Diss. Univ. Bayreuth.

SULZMAN, F. M. (1982), Microcomputer monitoring of circadian rhythms, in: Comput. Biol. Med, 12, S. 253–261.

TAKAHASHI, J. S. (1982), Circadian rhythms of the isolated chicken pineal in vitro, in: ASCHOFF, DAAN, GROOS (s. dort), S. 158–236.

TEMBROCK, G. (1956), Tierpsychologie (S. 26), Wittenberg Lutherstadt.

TEMBROCK, G. (1960), Stridulation und Tagesperiodik bei *Cerambyx cerdo* L., in: Zool. Beitr. 5, S. 419–441.

TEMBROCK, G. (1980), Grundriß der Verhaltenswissenschaften, 3. Aufl. Jena.

WEVER, R. A. (1979), The circadian system of man, New York-Heidelberg-Berlin(West).

MIX
Papier | Fördert gute Waldnutzung
FSC® C083411

Zeitfracht Medien GmbH
Ferdinand-Jühlke-Straße 7
99095 Erfurt, Deutschland
produktsicherheit@kolibri360.de